Inhalt

Vorwort und Anmerkungen zur Arbeit mit dem Material 2

Häufigkeitswörter üben 3
- Häufigkeitswörter entdecken 3
- Häufigkeitswörter lesen und schreiben 5
- Häufigkeitswörter einsetzen 6

Modellwörter üben 7
- Mitsprechwörter üben 7
- Wörter in Silben gliedern 9
- Wörter üben, die auf **-er** enden 12
- Wörter üben, die auf **-el** enden 12
- Wörter üben, die auf **-en** enden 13
- Wörter üben, die auf **-el**, **-en** oder **-er** enden 13
- Wörter mit **sch/Sch** üben 14
- Wörter mit **eu/Eu** üben 14
- Wörter mit **pf/Pf** üben 15
- Wörter mit **au** und **ei** üben 15
- Wörter mit **ie** üben 16
- Wörter mit **st/St** und **sp/Sp** üben 17
- Wörter mit doppelten Mitlauten üben 18
- Wörter mit **ck** und **tz** üben 20
- Wörter ableiten 21
- Wörter verlängern 23
- Wörter großschreiben 26
- Wörter mit den Wortbausteinen **ver-** und **vor-** üben 29
- Wortfamilien erkennen 30
- Merkwörter mit **v** und **V** üben 31
- Merkwörter mit **x**, **y** und **C** üben 31
- Merkwörter mit **aa**, **ee** und **oo** üben 32
- Merkwörter üben 32
- Wörter nachschlagen 33

Wortbedeutungen erkennen 36
- Wörter zusammensetzen 36
- Wörter mit zwei Bedeutungen erkennen 37
- Wortpaare finden 38
- Gegenteile erkennen 39
- Wörter zuordnen 40
- Wörter ordnen 42

Individuelles Üben 44
- Üben mit der Wörterliste 44
- Üben mit der Zettelsammlung 45
- Regenbogen-Training 46

Meine Wörterliste 47

Arbeitsplan 51

Strategiesymbole 52

9783403205821

Vorwort und Anmerkungen zur Arbeit mit dem Material

Das Erlernen einer elementaren Sicherheit in der Rechtschreibung ist im Rahmenlehrplan der Grundschule Deutsch (2004) als wichtiges Ziel definiert. Darüber hinaus sollen die Schüler[1] grundlegende Rechtschreibstrategien und -regeln anwenden können.

Die Arbeit mit dem Grundwortschatz hilft den Kindern dabei, durch das Üben und Wiederholen mit einem begrenzten Wortschatz, dieses Ziel zu erreichen. Die Sicherheit, eine begrenzte Anzahl von Wörtern richtig schreiben zu können und zu wissen, warum die Schreibung an diesen Stellen bestimmten Strategien und Regeln folgt, macht einen Transfer möglich, der die rechtschriftliche Kompetenz der Schüler nachhaltig fördert. Die Arbeit mit dem Grundwortschatz macht es den Kindern möglich, sich Wörter und Phänomene einzuprägen, aber auch Grundbausteine der Sprache (Morpheme) zu erkennen, von denen sie weitere Wörter ableiten können. Der Grundwortschatz stellt somit eine Basis für das Einüben von Rechtschreibstrategien und -regeln dar und die Arbeit damit unterstützt die Schüler dabei, leichter und erfolgreich richtig schreiben zu können.

Aktuell liegen in den meisten Bundesländern Listen mit einem verbindlichen Grundwortschatz vor bzw. werden aktuell erarbeitet. Einen allgemein gültigen und verbindlichen Grundwortschatz gibt es nicht. Deshalb findet sich am Ende dieses Buches eine Liste mit einem Grundwortschatz, der sich aus einer Zusammenschau der verschiedenen vorliegenden Grundwortschätze für die Klassen 1 und 2 zusammensetzt. Weder erhebt die Liste Anspruch auf Vollständigkeit noch versteht sie sich als Ersatz zu den Listen der verschiedenen Bundesländer. Vielmehr soll mit der angehängten Liste die Möglichkeit eröffnet werden, dass die Schüler alle Aufgaben der vorliegenden Arbeitsblätter mit einer Wörterliste kontrollieren können, die dafür passgenau abgestimmt ist. Alle Wörter aus der Liste werden mehrfach geübt, damit die Kinder Sicherheit in der Schreibung dieser Wörter erhalten.

Im ersten Teil erhalten die Schüler die Möglichkeit, **Häufigkeitswörter** zu üben. Diese „kleinen“ Wörter, die für den Bau eines Satzes unerlässlich sind und entsprechend oft vorkommen (und falsch geschrieben werden), finden sich überwiegend nicht im Grundwortschatz. Sie müssen aber auch rechtschriftlich gesichert werden, um das eingangs formulierte Ziel zu erreichen.

Anhand der **Modellwörter** üben und festigen die Kinder dann ihr Wissen, wie sie Rechtschreibstrategien für richtiges Schreiben nutzen können. Entsprechend sind die Wörter nach Lernstrategien gruppiert. Unterstützend finden die Schüler die Strategiesymbole neben den Aufgabenstellungen. Sie sollen an das Anwenden der Lernstrategien erinnern, die zuvor im Unterricht eingeführt sein sollten. Dabei geht es immer darum, exemplarisch zu arbeiten, d. h. um die Arbeit mit dem Grundwortschatz. Die Nutzung der Strategien anhand der Modellwörter soll das strategiegeleitete Lernen unterstützen. Die Aufgabenformate zu den **Wortbedeutungen** dienen außerdem der Sicherung des Grundwortschatzes.

Zusätzlich zur Arbeit mit dem Grundwortschatz werden am Ende des Buches **Aufgabenformate zum individuellen Üben** angeboten. Jedes Kind lernt anders und entsprechend kann und soll es nicht nur darum gehen, Wörter zu üben, die sich im allgemeinen Grundwortschatz finden. Beim Aufbau einer Rechtschreibkompetenz gilt immer auch das bekannte Sprichwort: „Übung macht den Meister.“ Entsprechend sollen die vorliegenden Kopiervorlagen sowohl Angebote zum Anwenden und Vertiefen von Rechtschreibstrategien liefern als auch Anregungen bieten, einzelne Wörter durch wiederholtes Üben individuell zu üben.

Die Arbeitsblätter können einzeln oder gebündelt zur Bearbeitung angeboten werden. Der Arbeitsplan unterstützt die Kinder ggf. bei der selbstständigen Kontrolle. Wichtig ist, dass immer wieder auch durch (Rechtschreib-)Gespräche und das Nachschlagen in der Wörterliste geprüft wird, ob der Grundwortschatz sicher beherrscht wird. Das zusätzliche Anlegen einer individuellen Wörterkartei zur Festigung der Rechtschreibung wird empfohlen.

Ich hoffe, dass Sie die Arbeitsblätter gewinnbringend in Ihrem Unterricht einsetzen können, und wünsche Ihnen sowie Ihren Schülern viel Erfolg damit.

Kirstin Jebautzke

---

[1] Wir sprechen hier wegen der besseren Lesbarkeit von Schülern bzw. Lehrern in der verallgemeinernden Form. Selbstverständlich sind auch alle Schülerinnen und Lehrerinnen gemeint.

Häufigkeitswörter

Häufigkeitswörter entdecken

1

In jeder Zeile ist ein Wort anders. Kreise es ein.
Schreibe die eingekreisten Wörter nach dem ABC geordnet auf.

aber	aber	aber	also	aber	aber
vom	vom	vor	vom	vom	vom
sehr	mehr	sehr	sehr	sehr	sehr
auch	auch	auch	euch	auch	auch
doch	doch	doch	doch	dort	doch

also,

Erledigt am: ____________________ *So hat's geklappt:*

Häufigkeitswörter

Häufigkeitswörter entdecken

2

In jeder Zeile ist ein Wort anders. Kreise es ein.
Schreibe die eingekreisten Wörter nach dem ABC geordnet auf.

so	so	so	ab	so	so
wenig	wenig	wenn	wenig	wenig	wenig
dort	dort	dort	noch	dort	dort
weil	weil	weil	weil	weil	viel
bis	bis	dies	bis	bis	bis

ab,

Erledigt am: ____________________ *So hat's geklappt:*

Häufigkeitswörter

Häufigkeitswörter entdecken

3

Kreise die gleichen Wörter mit der gleichen Farbe ein. Wie viele verschiedene Wörter sind es? Schreibe jedes Wort ein Mal.

gegen hinter unter auf gegen

über hinter auf unter

gegen unter auf über hinter auf

unter über auf gegen unter hinter

über auf gegen hinter über

gegen,

Erledigt am: ____________________

So hat's geklappt:

Häufigkeitswörter

Häufigkeitswörter entdecken

4

Kreise die gleichen Wörter mit der gleichen Farbe ein. Wie viele verschiedene Wörter sind es? Schreibe jedes Wort ein Mal.

aus das als oft für uns aus wir

als wir das als uns oft für

aus uns für das uns wir als oft

für das wir als oft aus uns aus für

aus als das wir für das oft wir uns oft

aus,

Erledigt am: ____________________

So hat's geklappt:

Häufigkeitswörter lesen und schreiben

5 Erkennst du die Wörter?
Schreibe sie zur Geheimschrift.

~~sein~~ diese ganz ihn unten viel ich

sein

Erledigt am: ______________________ *So hat's geklappt:*

Häufigkeitswörter

Häufigkeitswörter lesen und schreiben

6 Erkennst du die Wörter?
Schreibe sie zur Geheimschrift.

~~sind~~ nichts hier ohne wann wieder

sind

Erledigt am: ______________________ *So hat's geklappt:*

Häufigkeitswörter einsetzen

7 Findest du die Wörter aus dem Kasten in den Sätzen?
Kreise sie ein und schreibe.

~~dort~~ wem ganz schon warum dieser in keiner noch mir

Wer wohnt dort in dem Haus?	dort
Es wusste keiner, warum das so ist.	
Wem gehört dieser Pullover?	
Hattest du mir das schon erzählt?	
Ich bin noch ganz durcheinander.	

Erledigt am: ____________ *So hat's geklappt:*

Häufigkeitswörter

Häufigkeitswörter einsetzen

8 Lies den Text. Setze die passenden Wörter ein.
Achte auf die Großschreibung am Satzanfang.

sie am als an wie das ~~meine~~ bei mich ihren

Meine Tante kommt ______ Wochenende zu uns.
Ich freue ______ schon auf ______ Besuch.
______ ihrem letzten Besuch hatte ______ eine große
Muschel dabei. ______ ich sie mir ______ mein Ohr
gehalten habe, rauschte es. Es hörte sich an ______ am
Meer. ______ war eine tolle Überraschung.

Erledigt am: ____________ *So hat's geklappt:*

Modellwörter

Mitsprechwörter üben

9

Sprich die Wörter halblaut.
Schreibe die Wörter. Zeichne Silbenbögen.

Maus

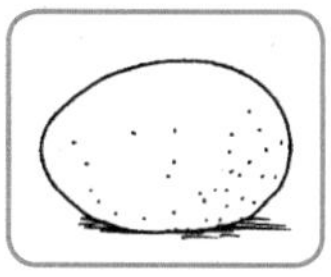

Erledigt am: ____________________

So hat's geklappt:

Modellwörter

Mitsprechwörter üben

10

Sprich die Wörter halblaut.
Schreibe die Wörter. Zeichne Silbenbögen.

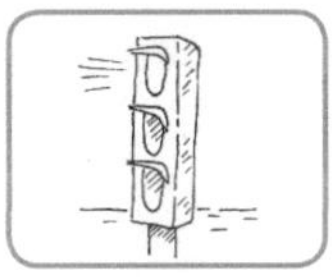

Ampel

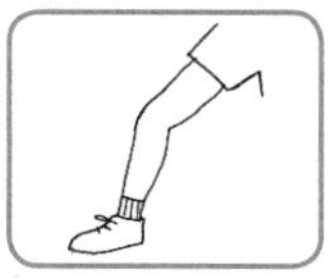

Erledigt am: ____________________

So hat's geklappt:

Modellwörter

Mitsprechwörter üben

11 Sprich die Wörter halblaut.
Schreibe die Wörter. Zeichne Silbenbögen.

malen

Erledigt am: ______________________

So hat's geklappt:

Modellwörter

Mitsprechwörter üben

12 Setze die Silben zusammen. Sprich die Wörter halblaut.
Schreibe die Wörter. Zeichne Silbenbögen.

AF	TE	
SON	RE	
TAN	FE	Affe
SCHE	NE	

ren	len	
fra	gen	
rol	ben	
rei	nen	rennen

Erledigt am: ______________________

So hat's geklappt:

Modellwörter

Wörter in Silben gliedern

13 Zeichne Silbenbögen.
Kreise die Vokale ein.

 das Bild

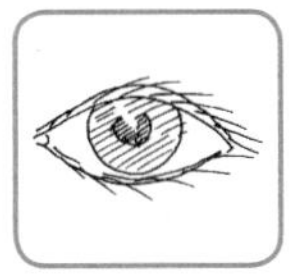 das Auge

 das Telefon

 das Buch

 die Hexe

 das Auto

 der Finger

 die Blüte

 die Minute

Erledigt am: ____________________ *So hat's geklappt:* ☺ 😐 ☹

Modellwörter

Wörter in Silben gliedern

14 Sprich die Wörter halblaut.
Kreuze die Anzahl der Silben an.

Name	fein	Computer
○ ⊗ ○ ○ (1 2 3 4)	○ ○ ○ ○ (1 2 3 4)	○ ○ ○ ○ (1 2 3 4)
Sporthose	**sieben**	**blau**
○ ○ ○ ○ (1 2 3 4)	○ ○ ○ ○ (1 2 3 4)	○ ○ ○ ○ (1 2 3 4)
lecker	**Sommerhimmel**	**schauen**
○ ○ ○ ○ (1 2 3 4)	○ ○ ○ ○ (1 2 3 4)	○ ○ ○ ○ (1 2 3 4)

Erledigt am: ____________________ *So hat's geklappt:* ☺ 😐 ☹

Modellwörter

Wörter in Silben gliedern

15

Kreise die Vokale ein.
Verbinde die Wörter mit den passenden Silbenbögen.

◡◡

Wort	Silbenbögen	Wort	Silbenbögen
Garten	◡	Uhr	◡
Tomate	◡◡	Sekunde	◡◡
Gras	◡◡◡	Stunde	◡◡◡

Wort	Silbenbögen	Wort	Silbenbögen
Weihnachten	◡	Hose	◡
Urlaub	◡◡	Rock	◡◡
Jahr	◡◡◡	Sandalen	◡◡◡

Erledigt am: ____________________

So hat's geklappt: ☺ 😐 ☹

Modellwörter

Wörter in Silben gliedern

16

Kreise die Vokale ein.
Verbinde die Wörter mit den passenden Silbenbögen.

◡◡

Wort	Silbenbögen	Wort	Silbenbögen
Auto	◡	bezahlen	◡
Urlaubsschiff	◡◡	Cent	◡◡
Rad	◡◡◡	Euro	◡◡◡

Wort	Silbenbögen	Wort	Silbenbögen
Zeit	◡	Familie	◡
Kalender	◡◡	Junge	◡◡
Woche	◡◡◡	Sohn	◡◡◡

Erledigt am: ____________________

So hat's geklappt: ☺ 😐 ☹

Modellwörter

Wörter in Silben gliedern

17 Zeichne Silbenbögen.
Ordne die Monatsnamen nach der Anzahl der Silben.

Januar	Februar	März	April	Mai	Juni
Juli	August	September	Oktober	November	Dezember

Monate mit einer Silbe:

Monate mit zwei Silben:

Monate mit drei Silben: **Januar,**

Erledigt am: ____________________ *So hat's geklappt:*

Modellwörter

Wörter in Silben gliedern

18 Sprich die Wörter halblaut. Streiche in jeder Zeile das Wort durch, das eine andere Silbenanzahl hat.

toll leicht ~~gesund~~ nett

Dezember Oktober August Januar

Frucht Apfel Birne Pflaume

Sonne Wetter Wind Nebel

drei sieben fünf acht

Klasse Schule Computer Papier

Blumen Bäume Gras Blüten

Hals Bein Finger Kopf

Erledigt am: ____________________ *So hat's geklappt:*

Modellwörter

Wörter üben, die auf -er enden

19 Zeichne Silbenbögen. Kreise die Vokale ein.
Schreibe die Wörter nach dem Abc auf.

der Bruder	das Fenster	der Winter	der Liter	der Vater
die Tochter	der Sommer	das Zimmer	die Mutter	der Kalender

der Bruder,

Erledigt am: ____________________ *So hat's geklappt:*

Modellwörter

Wörter üben, die auf -el enden

20 Zeichne Silbenbögen. Kreise die Vokale ein.
Schreibe die Wörter nach dem Abc auf.

die Ampel	die Wurzel	dunkel	der Himmel	der Flügel
der Vogel	der Nebel	der Onkel	der Apfel	der Igel

die Ampel,

Erledigt am: ____________________ *So hat's geklappt:*

Modellwörter

Wörter üben, die auf -en enden

21 Zeichne Silbenbögen. Kreise die Vokale ein.
Schreibe mit jedem Wort einen Satz.

 der Garten	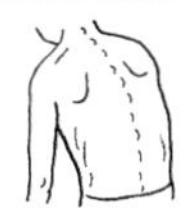 der Rücken	 der Kuchen	 der Regen

Ich spiele gern in unserem G

Erledigt am: __________________ So hat's geklappt:

Modellwörter

Wörter üben, die auf -el, -en oder -er enden

22 In jedem Satz sind zwei Fehler.
Schreibe die Sätze fehlerfrei auf.

Mein Onkl ist gern in seinem Gartn.

Mein O

Wartet deine Mutta an der Ampl?

Im Wintr schläft der Igl.

Erledigt am: __________________ So hat's geklappt:

Modellwörter

Wörter mit sch/Sch üben

23 Lies die Wörter. Kreise **sch/Sch** ein.
Schreibe die Wörter geordnet auf.

Tasche schön Busch waschen Schere
wünschen Schule schneiden frisch schreiben

Diese Wörter schreibe ich groß: **Tasche,**

Diese Wörter schreibe ich klein: **schön,**

Erledigt am: ____________________ *So hat's geklappt:*

Modellwörter

Wörter mit eu/Eu üben

24 Lies die Wörter. Kreise **eu/Eu** ein.
Schreibe die Wörter geordnet auf.

neun Leute Eule freuen Flugzeug
Euro heute Freundin neu Freude

Diese Wörter schreibe ich groß: **Leute,**

Diese Wörter schreibe ich klein: **neun,**

Erledigt am: ____________________ *So hat's geklappt:*

Modellwörter

Wörter mit pf/Pf üben

25 Lies die Wörter. Kreise **pf/Pf** ein.
Schreibe die Wörter geordnet auf.

Kopf Pflaume gepflegt pflanzen
schimpfen Pferd Apfel

Diese Wörter schreibe ich groß: **Kopf,**

Diese Wörter schreibe ich klein: **gepflegt,**

Erledigt am: ______________________ *So hat's geklappt:*

Modellwörter

Wörter mit au und ei üben

26 Lies die Wörter. Kreise **au** und **ei** ein.
Schreibe die Wörter geordnet auf.

weit der Urlaub die Raupe reich
laut die Seife der Strauch leicht

Wörter mit **au**:	Wörter mit **ei**:
der Urlaub	

Erledigt am: ______________________ *So hat's geklappt:*

Modellwörter – Wörter mit ie üben

27 Kreise in den Wörtern **ie** ein.
Schreibe die Wörter zu den passenden Bildern.

lieb Biene vier spielen Brief liegen Papier Tiere

lieb

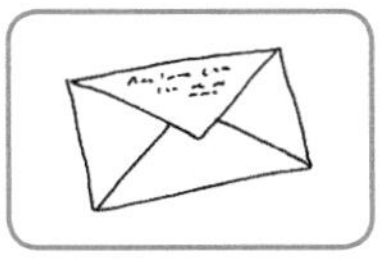

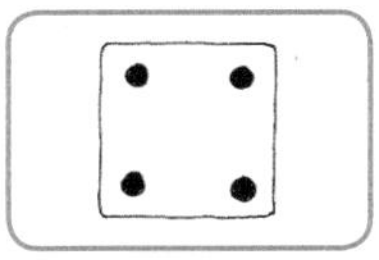

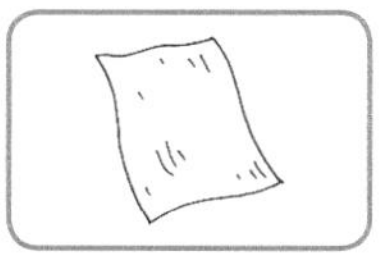

Erledigt am: ______________________ *So hat's geklappt:*

Modellwörter – Wörter mit ie üben

28 Setze **ie** ein.
Schreibe die Sätze und kreise **ie** ein.

Linda wünscht sich einen Hund als Haust **ie** r.

Linda wünscht sich

Mit einem Hund könnten sie sp ____ len.

Lindas Eltern wollen l ____ ber v ____ le B ____ nen.

Erledigt am: ______________________ *So hat's geklappt:*

Modellwörter

Wörter mit st/St und sp/Sp üben

29 Kreise die Wörter mit **st/St** ein. Unterstreiche die Wörter mit **sp/Sp**.
Schreibe die Wörter geordnet auf.

sparen still sprechen Stern
stehen springen stellen Sport

Wörter mit **Sp/sp**:	Wörter mit **St/st**:
sparen	

Erledigt am: ____________ *So hat's geklappt:*

Modellwörter

Wörter mit st/St und sp/Sp üben

30 **St** oder **Sp**? Schlage in der Wörterliste nach.
Schreibe die Wörter und die Seitenzahl auf.

	Seite:		Seite:		Seite:
die __inne		der __rauch			
der __ern		der __ort		der __ift	
die __unde		der __ein		die __imme	

die Spinne,

Erledigt am: ____________ *So hat's geklappt:*

Modellwörter

Wörter mit doppelten Mitlauten üben

31 Lies und verbinde. Kreise die doppelten Mitlaute ein.
Schreibe das Wort im Singular und Plural.

das Schiff	der Ball	der Mann	das Blatt	das Schloss
die Blätter	die Männer	die Schiffe	die Schlösser	die Bälle

ein Schiff – viele Schiffe,

Erledigt am: ____________________ *So hat's geklappt:*

Modellwörter

Wörter mit doppelten Mitlauten üben

32 Zeichne Silbenbögen.
Markiere die doppelten Mitlaute.

der Füller

die Mutter

die Sonne

das Wasser

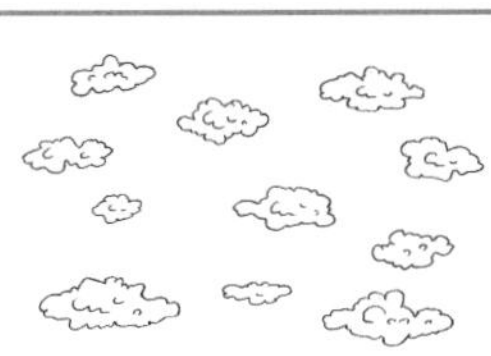
die Himmel

die Puppe

die Spinne

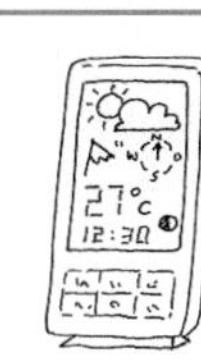
das Wetter

Erledigt am: ____________________ *So hat's geklappt:*

Modellwörter

Wörter mit doppelten Mitlauten üben

Lies und verbinde.
Markiere die doppelten Mitlaute. Zeichne Silbenbögen.

kommen	es muss	fallen	er will
rennen	sie soll	können	es fällt
müssen	sie kommt	stellen	er kann
sollen	sie rennt	wollen	sie stellt

Erledigt am: ______________________ *So hat's geklappt:*

Modellwörter

Wörter mit doppelten Mitlauten üben

Welche doppelten Mitlaute fehlen hier?
Setze sie ein. Schreibe die Sätze vollständig ab.

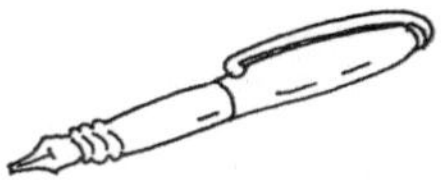

Meine Mu **tt** er schreibt ihre Briefe gern mit Fü ___ er.

Meine M ______________________________ .

Eine kleine Spi ___ e krabbelt über Lenas Pu ___ over.

______________________________ .

Im Zi ___ er liegen zwei bunte Bä ___ e.

______________________________ .

Erledigt am: ______________________ *So hat's geklappt:*

Modellwörter

Wörter mit ck und tz üben

35 Kreise die Wörter mit **ck** ein. Unterstreiche die Wörter mit **tz**.
Schreibe die Wörter geordnet auf.

der Schatz   putzen   der Rock   verstecken   lecker
der Satz   sitzen   der Zucker

Wörter mit **ck**:	Wörter mit **tz**:
der Rock	

Erledigt am: ____________________   *So hat's geklappt:*

Modellwörter

Wörter mit ck und tz üben

36 Kreise in den Wörtern **ck** und **tz** ein.
Setze die Wörter passend in die Sätze ein.

lecker   Platz   Rücken   Katze   Röcke

Unsere Katze ist auf einen hohen Baum geklettert.

Das Essen ist heute wirklich sehr ________.

Hat mir jemand einen Zettel auf den ________ geklebt?

Mitten auf dem ________ steht eine alte Eiche.

Meine Tante trägt im Sommer am liebsten ________.

Erledigt am: ____________________   *So hat's geklappt:*

Modellwörter

Wörter ableiten

37

Lies und verbinde.
Kreise **a** und **ä** ein.

der Mann	die Wälder	das Fach	die Väter
der Wald	die Plätze	der Schatz	die Gärten
die Bank	die Gräser	der Hals	die Schätze
das Gras	die Zähne	das Bad	die Fächer
der Platz	die Männer	der Garten	die Hälse
der Zahn	die Bänke	der Vater	die Bäder

Erledigt am: ____________________ *So hat's geklappt:*

Modellwörter

Wörter ableiten

38

Bilde die Einzahl.
Schreibe dann die Wörter mit **ä** oder **e**.

	ä oder **e**?	Einzahl:	Mehrzahl:
	B?lle	Ball	B ä lle
	F?nster		F ___ nster
	Bl?tter		Bl ___ tter
	Schr?nke		Schr ___ nke
	R?der		R ___ der

Erledigt am: ____________________ *So hat's geklappt:*

Modellwörter

Wörter ableiten

39

Lies und verbinde. Kreise **a** und **ä** ein.
Schreibe zu jedem Wort im Plural einen Satz.

das Haus	der Strauch	die Maus	der Baum
die Mäuse	die Bäume	die Sträucher	die Häuser

Erledigt am: ____________________

So hat's geklappt:

Modellwörter

Wörter ableiten

40

Bilde die Einzahl.
Schreibe dann die Wörter mit **äu** oder **eu**.

	äu oder **eu**?	Einzahl:	Mehrzahl:
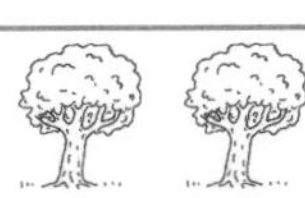	B?me	Baum	B äu me
	Fr?nde		Fr ___ nde
	M?se		M ___ se
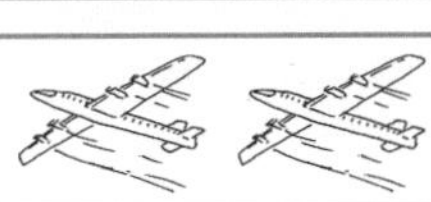	Flugz?ge		Flugz ___ ge
	Str?cher		Str ___ cher

Erledigt am: ____________________

So hat's geklappt:

Modellwörter

Wörter verlängern

41

Lies und verbinde.
Kreise **d** und **t** ein.

das Kind	die Wörter	der Freund	die Früchte
das Bad	die Gesichter	der Mund	die Nächte
der Ast	die Kinder	die Nacht	die Gelder
das Gesicht	die Bäder	die Frucht	die Münder
der Wind	die Äste	das Kleid	die Freunde
das Wort	die Winde	das Geld	die Kleider

Erledigt am: ____________________

So hat's geklappt:

Modellwörter

Wörter verlängern

42

Steht am Wortende **d** oder **t**?
Verlängere die Wörter und schreibe.

	d oder **t**?	Du verlängerst zu:	Deshalb schreibst du:
	Freun?	die Freunde	der Freun **d**
	Saf?		der Saf
	Hem?		das Hem
	Kin?		das Kin
	Lich?		das Lich

Erledigt am: ____________________

So hat's geklappt:

Modellwörter

Wörter verlängern

43 Lies und verbinde.
Kreise **g** und **k** ein.

es fliegt	liegen	es bewegt sich	tragen
er denkt	denken	er schenkt	pflegen
sie springt	trinken	er trägt	schenken
es liegt	fliegen	sie fängt	sich bewegen
sie trinkt	bringen	er quakt	fangen
er bringt	springen	er pflegt	quaken

Erledigt am: ____________________ *So hat's geklappt:*

Modellwörter

Wörter verlängern

44 Steht am Wortende **g** oder **k**?
Verlängere die Wörter und schreibe.

	g oder **k**?	Du verlängerst zu:	Deshalb schreibst du:
	Ber?	die Berge	der Ber g
	Schran?		der Schran
	Köni?		der Köni
	We?		der We
	Ban?		die Ban

Erledigt am: ____________________ *So hat's geklappt:*

Modellwörter

Wörter verlängern

45

Steht am Wortende **d** oder **t**?
Verlängere zur ersten Steigerungsform und schreibe.

d oder **t**?	Du verlängerst zu:	Deshalb schreibst du:
wüten?	wütender	wüten d
kal?		kal
frem?		frem
har?		har
run?		run

Erledigt am: ____________________ *So hat's geklappt:*

Modellwörter

Wörter verlängern

46

Steht am Wortende **d** oder **t**, **b** oder **p**, **g** oder **k**?
Überlege dir eine Verlängerungsform und schreibe.

Der Hun d ist sehr lie ___. — Hunde, lieber

Das Kin ___ ist kran ___. — ____________________

Was ist run ___ und sprin ___ t hoch? — ____________________

Mamas Klei ___ ist gel ___. — ____________________

Er fra ___ t viel, weil er hier — ____________________

frem ___ ist. — ____________________

Erledigt am: ____________________ *So hat's geklappt:*

Modellwörter

Wörter großschreiben

47 Welchen Artikel haben die Nomen? Schreibe sie geordnet auf.
Überprüfe mit der Wörterliste.

A?a

~~PUPPE~~ FARBE MÄDCHEN MILCH RING
HERR OBST BUS ENDE

der:	die:	das:
	Puppe	

Erledigt am: ____________________ *So hat's geklappt:*

Modellwörter

Wörter großschreiben

48 Welchen Artikel haben die Nomen? Schreibe sie geordnet auf.
Überprüfe mit der Wörterliste.

A?a

~~SAND~~ GELD ERDE SCHIFF SCHRIFT
MUSIK QUATSCH OSTERN ZEH

der:	die:	das:
Sand		

Erledigt am: ____________________ *So hat's geklappt:*

Modellwörter

Wörter großschreiben

49 Ordne die Nomen. Schreibe sie mit Artikel.
Überprüfe mit der Wörterliste.

A?a

~~Baum~~ Katze Seife Junge Salz Gras
Mädchen Pizza Kuh Tante Bär Blume

Menschen: ____________________

Tiere: ____________________

Pflanzen: **der Baum,** ____________________

Dinge: ____________________

Erledigt am: ____________________ *So hat's geklappt:*

Modellwörter

Wörter großschreiben

50 Ordne die Nomen. Schreibe sie mit Artikel.
Überprüfe mit der Wörterliste.

A?a

~~Pony~~ König Ring Busch Bild Blüte Cent
Schwester Sohn Schlange Biene Strauch

Menschen: ____________________

Tiere: **das Pony,** ____________________

Pflanzen: ____________________

Dinge: ____________________

Erledigt am: ____________________ *So hat's geklappt:*

Modellwörter

Wörter großschreiben

51 Wie heißt der Plural?
Verbinde.

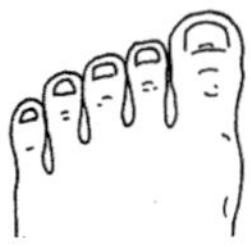

A?a

die Katze	die Zehen	die Farbe	die Zahlen
der Teddy	die Fächer	der Kreis	die Abende
der Zeh	die Katzen	die Zahl	die Ohren
das Feld	die Sätze	das Ohr	die Farben
das Fach	die Felder	der Abend	die Herren
der Satz	die Teddys	der Herr	die Kreise

Erledigt am: ____________________

So hat's geklappt:

Modellwörter

Wörter großschreiben

52 Bei welchen Nomen ist das Wort im Singular und Plural gleich?
Kreise sie ein. Überprüfe mit der Wörterliste.

A?a

Blume	Fenster	Finger	Hase	Flügel
Zimmer	Stift	Kuchen	Käfer	Brot
Fuß	Füller	Igel	Puppe	Auto
Nebel	Bus	Onkel	Rücken	Nacht

Erledigt am: ____________________

So hat's geklappt:

Modellwörter

Wörter mit den Wortbausteinen ver- und vor- üben

Bilde mit den Wortbausteinen **ver-** und **vor-** Wörter.
Schreibe sie auf und kreise **ver-** und **vor-** ein.

laufen tragen lesen singen

Wörter mit **ver-**:

verlaufen

Wörter mit **vor-**:

Erledigt am: ______________________

So hat's geklappt:

Modellwörter

Wörter mit den Wortbausteinen ver- und vor- üben

Ordne die Wörter zu.
Erkennst du das veränderte Wort im Satz? Kreise es ein.

rechnen fahren zeigen ~~spielen~~ suchen

Die Katze ist verspielt. — spielen – verspielt

Hier habe ich mich verrechnet.

Ich habe es fünf Mal versucht!

Hast du dein Heft vorgezeigt?

Ich habe mich verfahren.

Erledigt am: ______________________

So hat's geklappt:

Modellwörter

Wortfamilien erkennen

55 Ordne die Wörter nach den Wortfamilien **putzen** und **reisen**.

~~geputzt~~ Reisebus Putzlappen verreisen
abreisen verputzen gereist abputzen

Wortfamilie **putzen**:

geputzt

Wortfamilie **reisen**:

Erledigt am: ____________________

So hat's geklappt:

Modellwörter

Wortfamilien erkennen

56 Ordne die Wörter nach den Wortfamilien **fahren** und **rufen**.

Notruf anrufen ~~gefahren~~ Ausrufezeichen
Autofahrt verfahren gerufen Fahrrad

Wortfamilie **fahren**:

gefahren

Wortfamilie **rufen**:

Erledigt am: ____________________

So hat's geklappt:

Modellwörter

Merkwörter mit v und V üben

57 Kreise in den Wörtern **v** und **V** ein.
Schreibe die Wörter zu den passenden Bildern.

M

Vater Verkehr viele vier Vögel verstecken

viele

4

Erledigt am: ____________________

So hat's geklappt:

Modellwörter

Merkwörter mit x, y und C üben

58 Kreise in den Wörtern **x**, **y** und **C** ein.
Schreibe die Wörter zu den passenden Bildern.

M

Hexe Computer Pony Teddy Taxi Cent

Taxi

Erledigt am: ____________________

So hat's geklappt:

Modellwörter

Merkwörter mit aa, ee und oo üben

59 Kreise in den Wörtern **aa**, **ee** und **oo** ein.
Setze die Wörter passend in die Sätze ein.

M

Haare Schnee Tee Waage Zoo

Mein Vater stellt sich nie auf die ____________.

In diesem Winter ist noch gar kein ____________ gefallen.

Hast du dir heute schon die ____________ gekämmt?

Letzte Woche war ich mit Oma und Opa im ____________.

Meine Mutter trinkt immer ____________ zum Frühstück.

Erledigt am: ____________ *So hat's geklappt:*

Modellwörter

Merkwörter üben

60 Erkennst du die Merkwörter? Schreibe sie richtig auf.
Bilde mit jedem Wort einen Satz. Schreibe ihn in dein Heft.

M

Teddy	Haare	Hexe
____________	____________	____________
Computer	Viele	Boot
____________	____________	____________
Schnee	Cent	Vater
____________	____________	____________

Erledigt am: ____________ *So hat's geklappt:*

Modellwörter

Wörter nachschlagen

61

Ordne die Wörter nach dem Alphabet. Nummeriere sie von 1 bis 5.
Schreibe sie geordnet nach dem Alphabet auf.

zwölf	**1** alle	hell	kurz	gut

alle,

helfen	zeigen	malen	turnen	haben

gleich	heiß	elf	leider	morgen

Erledigt am: ____________________ *So hat's geklappt:*

Modellwörter

Wörter nachschlagen

62

Ordne die Wörter nach dem Alphabet. Nummeriere sie von 1 bis 5.
Achte auf den 2., 3. und 4. Buchstaben.

bleiben	böse	**1** bauen	breit	blühen

bauen,

schreien	schwer	suchen	sagen	sehen

weit	wohnen	warten	weiß	werden

Erledigt am: ____________________ *So hat's geklappt:*

Modellwörter

Wörter nachschlagen

Suche die Wörter in der Wörterliste.
Schreibe auch die Seitenzahl dazu.

In der Wörterliste heißt das erste Wort mit

S	Saft	Seite: 6	**G**		Seite:
Z		Seite:	**A**		Seite:
r		Seite:	**l**		Seite:
e		Seite:	**t**		Seite:

Erledigt am: ______________________ *So hat's geklappt:* ☺ 😐 ☹

Modellwörter

Wörter nachschlagen

Suche die Wörter in der Wörterliste.
Schreibe die Seitenzahl auf.

	Seite
die Welt	7
schnell	
die Eltern	
brauchen	
hallo	

	Seite
singen	
früh	
das Obst	
der Zahn	
pflanzen	

Erledigt am: ______________________ *So hat's geklappt:* ☺ 😐 ☹

Modellwörter

Wörter nachschlagen

65

Suche die Wörter in der Wörterliste.
Schreibe die Seitenzahl auf.

	Seite
heißen	3
der Schatz	
üben	
laufen	
scheinen	

	Seite
reich	
gestern	
hundert	
der Verkehr	
lernen	

Erledigt am: ____________________ *So hat's geklappt:*

Modellwörter

Wörter nachschlagen

66

Arbeite mit der Wörterliste.
Schreibe die Wörter mit der passenden Seitenzahl auf.

Suche und schreibe drei weitere Wörter, die zum Thema **Schule** passen.

	Seite
Computer	2

Suche und schreibe drei weitere Wörter, die zum Thema **Jahr** passen.

	Seite
Monat	

Erledigt am: ____________________ *So hat's geklappt:*

Wortbedeutungen

Wörter zusammensetzen

67 Die gesuchten Wörter setzen sich immer aus zwei Wörtern zusammen. Schreibe sie passend zum Bild.

der Apfel · der Schnee · der Vogel · ~~der Teddy~~ · der Computer · der Schuh
die Maus · ~~der Bär~~ · der Schrank · der Kuchen · die Spinne · der Mann

 der Teddybär

 ____________

 ____________

 ____________

 ____________

 ____________

Erledigt am: ____________ *So hat's geklappt:* ☺ 😐 ☹

Wortbedeutungen

Wörter zusammensetzen

68 Welche beiden Wörter stecken in diesen Wörtern? Schreibe sie jeweils mit **der**, **die**, **das** auf.

 das BUTTERBROT — die Butter, d

 der PIZZAKÄSE — ____________

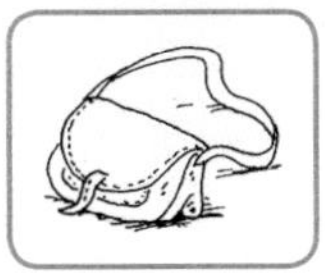 die HANDTASCHE — ____________

 das REGENWETTER — ____________

Erledigt am: ____________ *So hat's geklappt:* ☺ 😐 ☹

Wortbedeutungen

Wörter mit zwei Bedeutungen erkennen

69 Lies die Wörter. Schreibe das passende Wort zu einem Bildpaar.
Schreibe zu jedem Bildpaar jeweils zwei Sätze in dein Heft.

~~das Blatt~~ der Flügel das Pony die Bank das Schloss die Maus

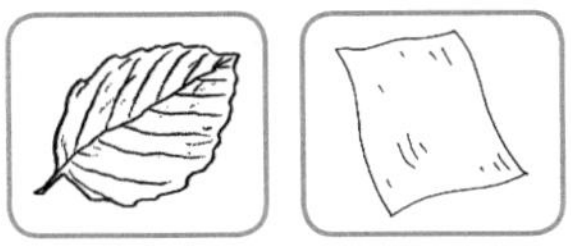

das Blatt

______

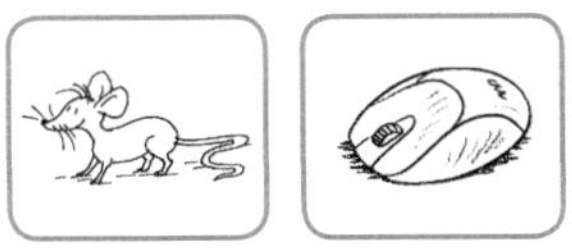

______

______

______

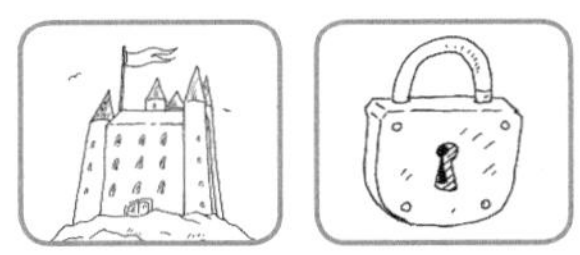

______

Erledigt am: ______ *So hat's geklappt:*

Wortbedeutungen

Wörter mit zwei Bedeutungen erkennen

70 Lies die Wörter. Schreibe das passende Wort zu einem Bildpaar.
Schreibe zu jedem Bildpaar jeweils zwei Sätze in dein Heft.

~~die Erde~~ das Fach die Krone die Mutter der Ball die Birne

die Erde

______

______

______

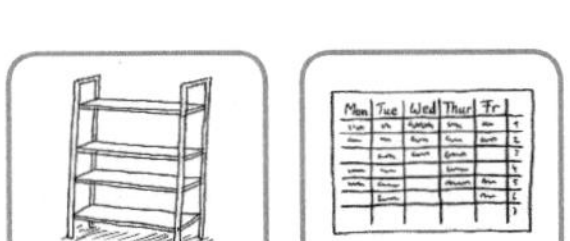

______

______

Erledigt am: ______ *So hat's geklappt:*

Wortbedeutungen

Wortpaare finden

71

Welche Wortpaare gehören zusammen? Verbinde.
Schreibe die Wortpaare zusammen auf.

Frau	Bruder	Tochter	Onkel	Freundin	Vater
Sohn	Freund	Schwester	Mann	Mutter	Tante

Frau – Mann,

Erledigt am: ______________________ *So hat's geklappt:*

Wortbedeutungen

Wortpaare finden

72

Welche Wortpaare gehören zusammen? Verbinde.
Schreibe die Wortpaare zusammen auf.

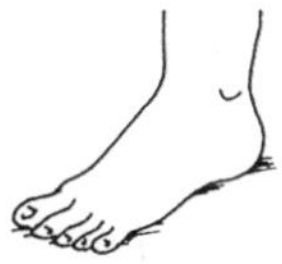

Kopf	Feld	Quadrat	Arm	Tag	Hemd
Kreis	Fuß	Nacht	Wiese	Hose	Bein

Kopf – Fuß,

Erledigt am: ______________________ *So hat's geklappt:*

Wortbedeutungen

Gegenteile erkennen

73 Verbinde die Gegenteile.
Schreibe die Wörter paarweise auf.

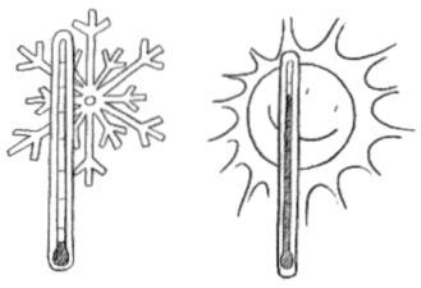

warm	gesund	schwarz	neu	leise	klein
weiß	laut	kalt	groß	krank	alt

warm – kalt,

____

____

Erledigt am: ____________ *So hat's geklappt:*

Wortbedeutungen

Gegenteile erkennen

74 Welches Wort drückt das Gegenteil aus?
Lies die Wörter und ordne sie passend zu.

spielen fangen gehen bezahlen holen antworten ~~schlafen~~ hören

aufwachen	**schlafen**	stehen	
sprechen		fragen	
bringen		werfen	
arbeiten		Geld einnehmen	

Erledigt am: ____________ *So hat's geklappt:*

Wortbedeutungen

Wörter zuordnen

75 Welche Wörter passen zum Thema **Schule**?
Kreise sie ein und schreibe die Wörter auf.

Buch	Aufgabe	Computer	Ferien
Nebel	Füller	Heft	Klasse
Zucker	Blüte	Schrift	Stift

Buch,

Erledigt am: ______________________

So hat's geklappt:

Wortbedeutungen

Wörter zuordnen

76 Welche Wörter passen zum Thema **Essen**?
Kreise sie ein und schreibe die Wörter auf.

Brot	Sommer	Quark	Apfel
Zucker	Schule	Nacht	Wurst
Gemüse	Birne	Pommes	Pflaume

Brot,

Erledigt am: ______________________

So hat's geklappt:

Wortbedeutungen

Wörter zuordnen

77 Welche Wörter passen zum Thema **Tiere**?
Kreise sie ein und schreibe die Wörter auf.

Ente	Käfer	Herbst	Stunde
Eule	Kuh	Schlange	Igel
Brief	Vogel	Rock	Raupe

Ente,

Erledigt am: ______________________

So hat's geklappt:

Wortbedeutungen

Wörter zuordnen

78 Welche Wörter passen zum Thema **Körper**?
Kreise sie ein und schreibe die Wörter auf.

Auge	Ohr	Finger	Rücken
Hals	Verkehr	Auto	Gesicht
Arm	Fuß	Ast	Jahr

Auge,

Erledigt am: ______________________

So hat's geklappt:

Wortbedeutungen

Wörter ordnen

79 Lies die Wörter. Ordne sie den Jahreszeiten zu.
Kreise deinen Lieblingsmonat rot ein.

September	Juli	~~Februar~~	März	Oktober	August
November	Mai	Dezember	Juni	Januar	April

Winter: **Februar,**

Sommer:

Frühling:

Herbst:

Erledigt am: ______________ *So hat's geklappt:*

Wortbedeutungen

Wörter ordnen

80 Lies die Wörter.
Schreibe sie in der richtigen Reihenfolge auf.

Donnerstag Sonntag Mittwoch Samstag Dienstag Freitag ~~Montag~~

Montag,

Jahr Monat Minute Tag ~~Sekunde~~ Woche Stunde

Sekunde,

Erledigt am: ______________ *So hat's geklappt:*

Wortbedeutungen

Wörter ordnen

81

Lies die Wörter.
Schreibe sie in der richtigen Reihenfolge auf.

acht drei ~~eins~~ neun fünf sechs sieben vier zehn zwei

1	eins	6	
2		7	
3		8	
4		9	
5		10	

Erledigt am: ______________ *So hat's geklappt:*

Wortbedeutungen

Wörter ordnen

82

Lies die Wörter. Ordne die Farben den Dingen zu.
Kreise deine Lieblingsfarbe ein.

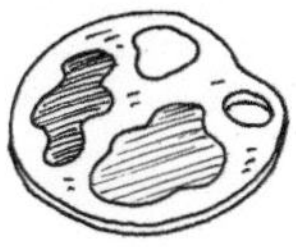

blau braun bunt ~~gelb~~ grau grün
lila orange rosa rot schwarz weiß

gelb	wie die Sonne		wie das Wasser
	wie die Nacht		wie eine Erdbeere
	wie das Gras		wie eine Maus
	wie der Schneemann		wie ein Regenbogen

Erledigt am: ______________ *So hat's geklappt:*

Individuelles Üben

Üben mit der Wörterliste

83 Schreibe die Übungswörter jeweils fünf Mal.

sitzen denn mir fremd

sitzen, sitzen,

Denke dir zu jedem Wort einen Satz aus.
Schreibe ihn in dein Heft.

Erledigt am: ____________________

So hat's geklappt:

Individuelles Üben

Üben mit der Wörterliste

84 Wähle vier Übungswörter aus und schreibe sie in den Kasten oben.
Schreibe die Übungswörter jeweils fünf Mal.

Denke dir zu jedem Wort einen Satz aus.
Schreibe ihn in dein Heft.

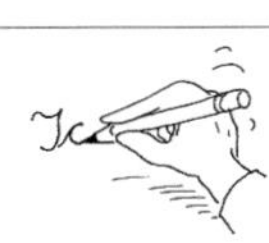

Erledigt am: ____________________

So hat's geklappt:

Individuelles Üben

Üben mit der Zettelsammlung

85 Schreibe jedes Übungswort fünf Mal auf den Zettel.

sechs	das Quadrat	rund

Erledigt am: ____________________ *So hat's geklappt:* ☺ 😐 ☹

Individuelles Üben

Üben mit der Zettelsammlung

86 Wähle drei Übungswörter aus und schreibe sie oben auf die Zettel. Überprüfe die Rechtschreibung. Schreibe dann jedes Wort vier Mal.

Erledigt am: ____________________ *So hat's geklappt:* ☺ 😐 ☹

Individuelles Üben

Regenbogen-Training

87 Schreibe ein Übungswort so oft wie möglich in bunten Farben in einen Bogen.

alle
Schuh
heißen
rund
springen

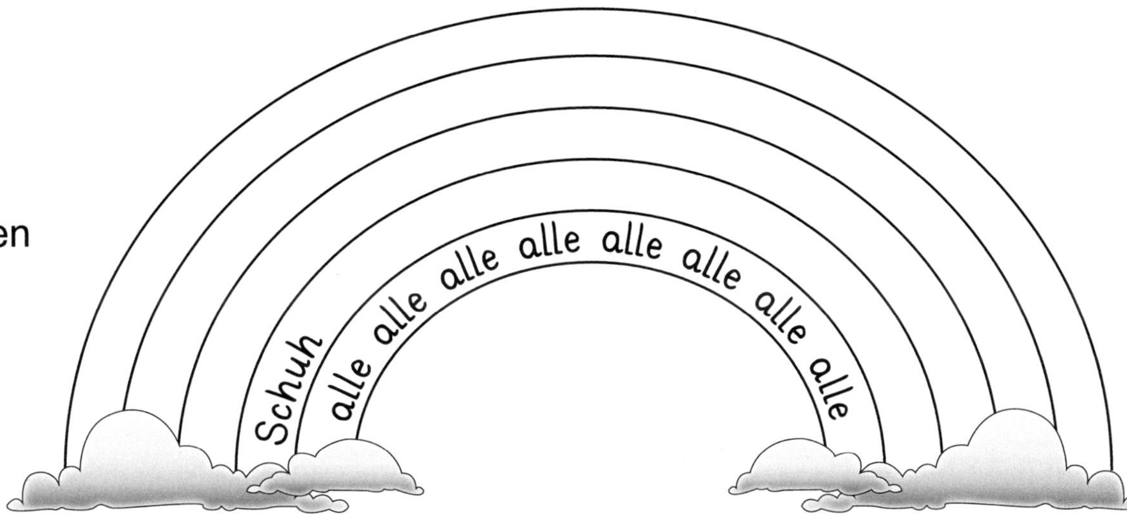

Erledigt am: ______________________ *So hat's geklappt:*

Individuelles Üben

Regenbogen-Training

88 Wähle fünf Übungswörter aus. Schreibe jeweils ein Übungswort so oft wie möglich in bunten Farben in einen Bogen.

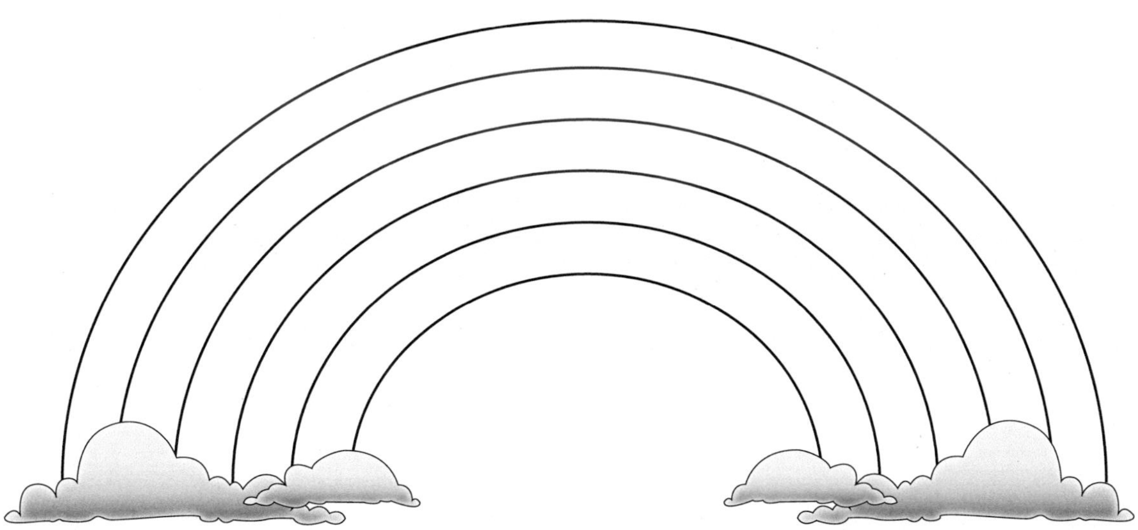

Erledigt am: ______________________ *So hat's geklappt:*

Meine Wörterliste

Seite 1

A a

der Abend, die Abende
acht
der Affe, die Affen
alle
alt
die Ampel, die Ampeln
antworten
der Apfel, die Äpfel
der April
arbeiten
der Arm, die Arme
der Ast, die Äste
die Aufgabe, die Aufgaben
aufwachen
das Auge, die Augen
der August
das Auto, die Autos

B b

das Bad, die Bäder
der Ball, die Bälle
die Bank, die Bänke
der Bär, die Bären
bauen
der Baum, die Bäume
das Bein, die Beine
der Berg, die Berge
bewegen
bezahlen
die Biene, die Bienen
das Bild, die Bilder
die Birne, die Birnen
das Blatt, die Blätter
blau
bleiben
blühen
die Blume, die Blumen
die Blüte, die Blüten
böse
brauchen
braun
breit
der Brief, die Briefe
bringen
das Brot, die Brote
der Bruder, die Brüder
das Buch, die Bücher
bunt
der Bus, die Busse
der Busch, die Büsche
die Butter

Meine Wörterliste

Seite 2

C c

der Cent, die Cents
der Computer, die Computer

D d

danken
denken
der Dezember
der Dienstag, die Dienstage
der Donnerstag, die Donnerstage
drei
dunkel

E e

das Ei, die Eier
eins
elf
die Eltern
das Ende, die Enden
eng
die Ente, die Enten
die Erde
essen
die Eule, die Eulen
der Euro, die Euros

F f

das Fach, die Fächer
fahren
fallen
die Familie, die Familien
fangen
die Farbe, die Farben
der Februar
fein
das Feld, die Felder
das Fenster, die Fenster
die Ferien
finden
der Finger, die Finger
fliegen
das Flugzeug, die Flugzeuge
der Flügel, die Flügel
fragen
die Frau, die Frauen
der Freitag, die Freitage
fremd
die Freude
freuen
der Freund, die Freunde
die Freundin, die Freundinnen
frisch
die Frucht, die Früchte
früh
der Frühling
der Füller, die Füller
fünf
der Fuß, die Füße

G g

der Garten, die Gärten
geben
gehen
gelb
das Geld, die Gelder
das Gemüse
das Gesicht, die Gesichter
gestern
gesund
gleich
das Gras, die Gräser
grau
groß
grün
gut

H h

das Haar, die Haare
haben
hallo
der Hals, die Hälse
halten
die Hand, die Hände
hart
der Hase, die Hasen
das Haus, die Häuser
das Heft, die Hefte
heiß
heißen
helfen
hell
das Hemd, die Hemden
der Herbst
der Herr, die Herren
heute
die Hexe, die Hexen
der Himmel, die Himmel
holen
hören
die Hose, die Hosen
der Hund, die Hunde
hundert

I i

der Igel, die Igel

J j

das Jahr, die Jahre
der Januar
der Juli
der Junge, die Jungen
der Juni

K k

der Käfer, die Käfer
der Kalender, die Kalender
kalt
der Käse
die Katze, die Katzen

kaufen
das Kind, die Kinder
die Klasse, die Klassen
kleben
das Kleid, die Kleider
klein
kochen
kommen
der König, die Könige
können
der Kopf, die Köpfe
der Körper, die Körper
krank
der Kreis, die Kreise
die Krone, die Kronen
die Küche, die Küchen
der Kuchen, die Kuchen
die Kuh, die Kühe
kurz

L l

lachen
laufen
laut
leben
lecker
legen
leicht
leider
leise
lernen
lesen
die Leute
das Licht, die Lichter
lieb
liegen
der Liter, die Liter

M m

machen
das Mädchen, die Mädchen
der Mai
malen
der Mann, die Männer
der März
die Maus, die Mäuse
die Milch
die Minute, die Minuten
der Mittwoch, die Mittwoche
der Monat, die Monate
der Montag, die Montage
morgen
der Mund, die Münder
die Musik
müssen
mutig
die Mutter, die Mütter

Meine Wörterliste

N n

die Nacht, die Nächte
der Name, die Namen
die Nase, die Nasen
der Nebel, die Nebel
nehmen
nett
neu
neun
der November

O o

das Obst
das Ohr, die Ohren
der Oktober
der Onkel, die Onkel
das Ostern

P p

das Papier, die Papiere
das Pferd, die Pferde
pflanzen
die Pflaume, die Pflaumen
pflegen
die Pizza, die Pizzas
der Platz, die Plätze
die Pommes
das Pony, die Ponys
die Puppe, die Puppen
putzen

Qu qu

quaken
der Quark, die Quarks
das Quadrat, die Quadrate
der Quatsch

R r

das Rad, die Räder
die Raupe, die Raupen
rechnen
reden
der Regen
reich
reisen
rennen
der Ring, die Ringe
der Rock, die Röcke
rollen
rot
der Rücken, die Rücken
rufen
rund

Meine Wörterliste

S s

der Saft, die Säfte
sagen
das Salz, die Salze
der Samstag, die Samstage
der Sand
die Sandale, die Sandalen
der Satz, die Sätze
der Schatz, die Schätze
schauen
scheinen
schenken
die Schere, die Scheren
das Schiff, die Schiffe
schimpfen
schlafen
die Schlange, die Schlangen
das Schloss, die Schlösser
der Schnee
schneiden
schnell
schön
der Schrank, die Schränke
schreiben
schreien
die Schrift, die Schriften
der Schuh, die Schuhe
die Schule, die Schulen
schwarz
schwer
die Schwester, die Schwestern
sechs
sehen
die Seife, die Seifen
die Sekunde, die Sekunden
der September
sieben
singen
sitzen
der Sohn, die Söhne
sollen
der Sommer
die Sonne, die Sonnen
der Sonntag, die Sonntage
sparen
spielen
die Spinne, die Spinnen
sprechen
springen
der Sport
stehen
der Stein, die Steine
stellen
der Stern, die Sterne
der Stift, die Stifte
still
die Stimme, die Stimmen
der Strauch, die Sträucher
die Stunde, die Stunden
suchen

T t

der Tag, die Tage
die Tante, die Tanten
die Tasche, die Taschen
das Taxi, die Taxis
der Teddy, die Teddys
der Tee, die Tees
das Telefon, die Telefone
das Tier, die Tiere
die Tochter, die Töchter
toll
die Tomate, die Tomaten
tragen
trinken
turnen

U u

üben
die Uhr, die Uhren
der Urlaub, die Urlaube

V v

der Vater, die Väter
der Verkehr
verstecken
viele
vier
der Vogel, die Vögel

W w

der Wald, die Wälder
warm
warten
waschen
das Wasser
der Weg, die Wege
das Weihnachten
weiß
weit
die Welt, die Welten
werden
werfen
das Wetter
die Wiese, die Wiesen
der Wind, die Winde
der Winter
die Woche, die Wochen
wohnen
wollen
das Wort, die Wörter
wünschen
wütend
die Wurst, die Würste
die Wurzel, die Wurzeln

X x

Y y

Z z

die Zahl, die Zahlen
der Zahn, die Zähne
der Zeh, die Zehen
zehn
zeigen
die Zeit, die Zeiten
das Zimmer, die Zimmer
der Zoo, die Zoos
der Zucker
zwei
zwölf

Meine Lieblingswörter

Arbeitsplan

Hier kannst du markieren, welche Aufgaben du schon bearbeitet hast.
Male die Bilder an, wenn du die Aufgaben erledigt hast.

1	2	3	4	5	6	7	8
9	10	11	12	13	14	15	16
17	18	19	20	21	22	23	24
25	26	27	28	29	30	31	32
33	34	35	36	37	38	39	40
41	42	43	44	45	46	47	48
49	50	51	52	53	54	55	56
57	58	59	60	61	62	63	64
65	66	67	68	69	70	71	72
73	74	75	76	77	78	79	80
81	82	83	84	85	86	87	88

Strategiesymbole

Diese Strategien und ihre Symbole unterstützen dich beim richtigen Schreiben:

Wörter mitsprechen
Hier hilft dir, das Wort deutlich und betont zu sprechen und dabei auf die einzelnen Laute zu achten.

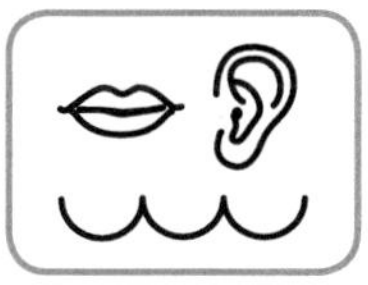

Wörter in Silben gliedern
Hier hilft dir, das Wort in Silben zu zerlegen.

Wörter großschreiben
Hier hilft dir, darauf zu achten, ob ein Wort großgeschrieben werden muss.

A?a

Wörter verlängern
Hier hilft dir, ein einsilbiges Wort zu verlängern, um den letzten Buchstaben im Wort richtig zu schreiben.

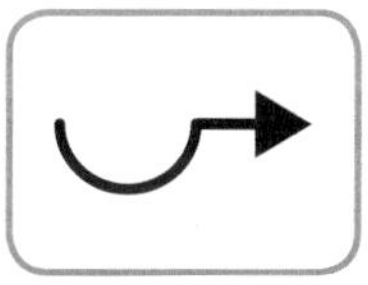

Wörter ableiten
Hier hilft dir, ein Wort abzuleiten, um zu erkennen, wie das Wort richtig geschrieben wird.

Wörter merken
Es gibt einige Wörter, bei denen du dir die Schreibung merken musst.

M

Wortbausteine erkennen
Hier hilft dir, wenn du erkennst, aus welchen Wortbausteinen ein Wort besteht.

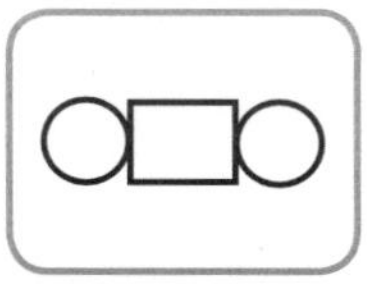

Wörter nachschlagen
Wenn du dir unsicher bist, wie ein Wort richtig geschrieben wird, hilft dir das Nachschlagen in der Wörterliste.

Wortbedeutungen verstehen
Wenn du weißt, was ein Wort bedeutet, ist es leichter, es richtig zu schreiben.

B